AF357221

MINISTÈRE DE L'INSTRUCTION PUBLIQUE ET DES BEAUX-ARTS

BIBLIOTHÈQUE, OFFICE ET MUSÉE

DE L'ENSEIGNEMENT PUBLIC

(MUSÉE PÉDAGOGIQUE)

SERVICE DES PROJECTIONS LUMINEUSES

NOTICES SUR LES VUES

LA BEAUCE

PAR

Élicio COLIN

Professeur au lycée.

MELUN

IMPRIMERIE ADMINISTRATIVE

1912

La présente notice doit être renvoyée au Musée avec les Vues.

LA BEAUCE

N° 1. — Carte de la Beauce.

Nous ne connaissons pas de façon certaine l'origine de ce nom de « pays » (latin : *Belsa ?*). Mais, de tout temps, dans le langage des habitants, Beauce a signifié terre riche, productrice de blé.

Vaste plaine, couverte en été de la mer blonde des moissons, sèche, presque dépourvue d'arbres, la Beauce diffère nettement des régions qui l'avoisinent : au nord, le pays d'Étampes et le Hurepoix, dont les sables et grès se couvrent de forêts ; à l'ouest, le Thimerais, le Perche, avec leurs bocages, l'apparition des pommiers ; au sud, la longue ligne sombre de la forêt d'Orléans ; à l'est, les bois et prés du Gatinais.

Les différences de sol imposent ces contrastes. Fond d'un ancien lac tertiaire qui s'est vidé du côté du sud-ouest, la Beauce constitue une plaine à peine ondulée, couvrant environ 7.350 kilomètres carrés, dont l'altitude varie peu, de 125 à 150 mètres. D'ordinaire, la surface du sol est formée d'un limon argileux ; c'est ce limon qui fait la fertilité de la Beauce. Mais ce limon, plus ou moins épais (1 m. parfois) repose sur le calcaire de Beauce (oligocène), roche très perméable, très sèche dont les puissantes assises (50 à 60 m.) expliquent l'absence de cours d'eau, de sources, l'aspect de steppe qui caractérise la Beauce ; d'autant plus que ce calcaire surmonte les « sables de Fontainebleau » eux-mêmes très perméables.

Faute d'eau, guère de prairies, guère d'arbres ; et les maisons se pressent, serrées autour des puits. Sur cette plaine nue, rien n'arrête le regard, sinon les gros bourgs épars au milieu des cultures ou la ligne des baliveaux qui jalonnent les routes désespérément droites. Il faut que les pays voisins fournissent le bois, les bestiaux, le vin. Pourtant le pays est riche. Richesse bien apparente lorsque, en juillet, les blés, les avoines, à hauteur d'homme, ondulent sur la plaine immense, coupés de plus en plus par les champs de betteraves. Moisson faite, les moutons, peu sensibles à la rareté de l'eau, broutent l'herbe maigre.

L'hiver, aspect de steppe. Le climat est assez rude, les gelées sont fréquentes. Située vers le centre de la « cuvette parisienne », la Beauce reçoit peu de pluies (0 m. 60). Le vent souffle, âpre, desséchant.

Point de grandes villes, sauf sur le pourtour (eaux courantes, centres d'échanges). Mais bien des bourgades historiques, jadis encerclées de fortifications dont l'emplacement se dessine encore. Car la Beauce offre toute facilité aux voies de communication. La route Paris-Orléans a joué, depuis des siècles, un rôle historique de premier ordre (guerre de Cent ans, guerre de 1870-71, etc...). Le rôle économique *de la plaine*, comme voie de passage, ne fut pas moins grand.

Et l'on n'est pas surpris que les premiers vols de nos aviateurs aient été entrepris là (Blériot à Toury 1908).

En somme, région aux caractères très nets, vraie région naturelle, plaine agricole, sèche, riche, originale aussi par la part prise à notre histoire politique et économique.

N° 2. — **Le sol. — Carrières d'Herblay.**

Sous le limon fertile dont le manteau couvre presque toute la Beauce, se trouvent de puissantes assises calcaires. C'est le calcaire de Beauce. Résultat de la sédimentation effectuée dans le lac qui, à l'époque tertiaire, s'étendait sur notre région, cette roche appartient à la série oligocène, à l'étage aquitanien. Son épaisseur, souvent de plus de 25 mètres peut atteindre 50. Si l'on creuse jusqu'à la base, on rencontre alors les « sables de Fontainebleau » épais d'une quarantaine de mètres, supportés par un banc de « marnes à huîtres » qui forme nappe aquifère.

Le calcaire de Beauce, fissuré et perméable, incapable de retenir les eaux, fournit de bonnes pierres pour la construction ou pour l'empierrement des routes. Souvent la pierre, plus ou moins décalcifiée, siliceuse, devient une meulière excellente.

Aussi n'est-il pas rare de voir, en Beauce, les champs troués de carrières. A portée de la main, le Beauceron a de quoi construire de solides habitations. Les carrières d'Herblay, près d'Artenay, par exemple. Les blocs sont détachés au pic, triés, puis alignés en tas rectangulaires près du chantier. Ces masses de pierres caverneuses, grises et comme saupoudrées de brun-rouge, deviennent un élément du paysage en bien des endroits.

Les meulières s'exportent, valent au pays une richesse nouvelle (constructions des environs de Paris).

Orléans, Chartres, pour leurs monuments, doivent beaucoup au calcaire de Beauce.

Nᵒ 3. — **La plaine beauceronne.**

Qu'on arrive d'Étampes, de Pithiviers, de Chartres, d'Orléans, on est frappé par l'immensité de cette plaine qui s'étale à perte de vue. A peine, parfois, de larges ondulations (droite de la photographie). Ce pays, en effet, est un ancien fond de lac dont le niveau s'élève insensiblement de Paris vers Orléans et s'incline doucement vers le sud-ouest. Point de bouleversements qui aient affecté cette région. A peine quelques ridements de grande amplitude à l'époque tertiaire (ondulations). La plaine s'étend, uniforme, monotone, sur des milliers de kilomètres carrés. Peu de pays donnent une pareille impression de solitude. Du haut d'un arbre, d'un clocher, le regard porte, sans arrêt jusqu'aux limites de la vision.

Ce cliché a été pris en été, après la moisson. Il y a encore des gerbes à rentrer. Mais déjà les moutons ont pris possession de ce que l'on pourrait comparer à une steppe maigre. Les arbres du fond ne doivent pas faire illusion. Ce sont de petits boqueteaux, en taillis, qui, de loin en loin. coupent la plaine, entretenus comme réserve d'ombre, de bois, de gibier. Iles minuscules et rares, incapables de barrer l'horizon.

La culture s'est emparée du limon riche qui couvre le calcaire de Beauce. Et le sous-sol, trop sec, est peu favorable à la vie des arbres desséchés d'ailleurs par un vent assez violent. A part quelques boqueteaux, quelques vergers autour des villages, point d'arbres, sauf ceux qu'on a plantés au bord des routes qu'ils signalent, de très loin.

Point d'eau courante, le sous-sol est trop sec. Rien qui puisse donner à la plaine l'aspect verdoyant et frais d'un bocage.

L'hiver, le limon brun étend jusqu'à l'infini les sillons récents ; la neige vient recouvrir le tout d'un manteau rigide et la bise aigre fait songer à des régions de plus haute latitude. Au printemps, la plaine est toute verte, du vert pâle des avoines, du vert plus chaud des blés, du vert sombre des betteraves. L'été, c'est vraiment une mer immense d'épis bruns ou jaunes sous un soleil souvent implacable. Puis l'automne met sur la plaine sa teinte brun-gris, et les troupeaux de moutons piquent partout leurs taches blanchâtres tandis que les corbeaux, parfois par centaines, noircissent de larges étendues de guérets.

Plaine sans eau et sans arbre, la Beauce, souvent triste, a de la grandeur.

N. B. — Pour décrire les divers aspects de la Beauce selon les saisons, on pourra recourir à E. Zola, *La Terre*, notamment p. 1-3, 194-195, 232-234.

N° 4. — **Les eaux courantes. — L'Eure à Saint-Prest.**

La nature du sol interdit en Beauce la constitution d'un réseau fluvial. L'érosion atteindrait vite le calcaire si perméable qui constitue le pays même. D'autre part, ici ou là, la pente est trop faible pour que les eaux aient été amenées à creuser des gorges profondes, comme en d'autres pays calcaires. Ainsi, sur la voie ferrée de Paris à Orléans, après Étampes, aucune traversée de cours d'eau. On peut voyager longtemps, faire cinquante kilomètres sans rencontrer d'eau courante. Il faut une année extraordinairement pluvieuse pour que l'on voie courir l'eau même dans des vallées, comme celles de la Conie ou de l'Œuf.

Le plus souvent, ces vallées, d'ailleurs très superficielles, sont à peine spongieuses (« rouches » ou lignes de marais).

Cependant, à la périphérie, au contact de terrains plus imperméables ou moins perméables, quelques rivières apparaissent. Telle, l'Eure qui peut servir, à peu près, de limite entre la Beauce et le Thimerais. D'ordinaire (car à Chartres, l'Eure s'enfonce beaucoup), ce sont rivières à fleur de terre, sans berges très accusées. Rivières lentes, relativement abondantes comme en tout pays dépourvu de nombreuses sources, qui s'insinuent à travers prés, bordées de peupliers et de saules. Leur niveau n'est pas très variable d'ordinaire et les fermières du voisinage établissent, pour la lessive, ces planches inclinées qui rompent la ligne de la rive (droite de la photographie).

Les eaux, grâce aux calcaires du sous-sol, sont plutôt limpides (Loir). Et leur bordure verdoyante dessine un cadre frais à la plaine beauceronne.

C'est au bord de ces rivières calmes et ombreuses que se sont développés les centres importants du pays. A tel point que la vieille capitale de la Beauce, Chartres, s'est trouvé placée ainsi à la limite du pays.

N° 5. — **Les eaux stagnantes. — L'abreuvoir.**

En pays de sol calcaire, il ne peut y avoir, d'ordinaire, que quelques grosses sources en vallées plus ou moins profondes. Mais ici le sol n'a pas été déchiré par une érosion intense. L'eau fuit dans les profondeurs de la terre.

Fort heureusement le bloc calcaire est recouvert d'une carapace limoneuse parfois assez épaisse. De sorte qu'à la moindre dénivellation les eaux de ruissellement forment des mares. Précieuse ressource pour le beauceron qui doit entretenir un cheptel important. L'eau est peu limpide, sans doute, et elle est vite troublée. Mais on se garde de curer à fond ces mares ; on mettrait vite à nu le calcaire absorbant.

Tels sont les abreuvoirs de Beauce, protégés par des murtins et des grillages s'ils appartiennent à une ferme riche. Parfois on les entoure d'arbres à l'ombre protectrice. Malgré tout, les étés secs les réduisent à rien et c'est alors un problème difficile à résoudre que l'approvisionnement liquide nécessaire pour les bêtes. En bien des cas, la mare se réduit à une flaque boueuse, près de la cour de ferme, où nagent des canards, où les bestiaux, abreuvés d'ailleurs par l'eau de puits (1), passent pour rafraîchir leurs membres.

En pareil pays, la moindre flaque d'eau superficielle prend une importance considérable (à Patay la « Grenouillère »).

N° 6. — **Les puits. — La pompe du village.**

En Beauce, point de sources. Sur le limon superficiel des mares souvent bourbeuses. Il faut chercher l'eau en profondeur. Or le calcaire de Beauce peut occuper une large épaisseur et l'eau s'infiltre au travers. C'est au moins vingt-cinq mètres à forer, souvent plus, une cinquantaine. Or, au-dessous, voici les sables de Fontainebleau (n° 2, *le sol*), non moins perméables, épais en général d'une quarantaine de mètres. Alors seulement on atteint l'argile des « marnes à huîtres » capables de retenir les eaux infiltrées.

(1) N° 9. Bœufs à l'abreuvoir près du puits.

C'est donc un travail difficile et coûteux que de forer un puits en Beauce. Il n'est pas rare d'en trouver qui vont chercher l'eau potable à 60, 80, près de 100 mètres au-dessous de la surface du sol.

Le puits occupe donc une place importante dans l'établissement humain. C'est autour du puits que se groupent les maisons, que se sont serrés les villages. Point ou guère d'habitations dispersées. Les riches peuvent avoir leur puits, les autres doivent se grouper. Regardez une carte au 1 : 80.000ᵉ, peu de noms la couvrent ; point d' « écarts », mais de grosses agglomérations assez éloignées les unes des autres. Entre elles, les champs déserts.

L'eau devient aussi précieuse en Beauce que dans les pays méditerranéens. En Beauce, on « va à l'eau » comme dans les régions sèches du Midi ou du Levant et l'on se rassemble, on cause autour du puits, de la pompe.

Le puits, c'est la raison d'être des agglomérations beauceronnes.

Nᵒ 7. — L'élevage. — Les moutons.

Le sol de la Beauce ne se prête guère à la formation de prairies naturelles plantureuses ; la rareté de l'eau courante ou de l'eau de source constitue un obstacle sérieux à l'élève du gros bétail.

Pays tout désigné au contraire, semble-t-il, pour l'élevage du mouton. Ici, comme partout en France, le troupeau s'est réduit, par la concurrence des pays neufs (Australie, Algérie, etc.). Mais, même aujourd'hui, le troupeau beauceron n'est pas négligeable. L'Eure-et-Loir compte 540.000 têtes et tient la seconde place après l'Aveyron (584.000). Probablement dérivé de la race picarde, le mouton beauceron a été amélioré jadis par croisement avec des mérinos (bergerie de Rambouillet). Aujourd'hui on l'élève plutôt pour la chair que pour la laine (croisements anglais).

Après la moisson, le mouton est, en bien des endroits, maître de la plaine. Il paît l'herbe courte et fine qui a valu à sa laine une finesse longtemps appréciée. Les troupeaux, qui comptent assez souvent plusieurs centaines de bêtes, parcourent alors les champs. sous la conduite du berger, sous la surveillance des chiens. Les chiens de Beauce, efflanqués, gris, aux oreilles droites, passent pour les meilleurs chiens de berger, à bon droit. Le berger roule ou fait traîner par ses chiens sa cabane et le « parc » . A la tombée du jour, les claies sont posées et forment un parc où sont rassemblés les moutons. Souvent on rencontre. en plein champ, des auges de fer. C'est l'emplacement d'un parc, l'abreuvoir modeste des moutons. Le troupeau peut se déplacer ainsi fort loin, sans retour à la ferme. Déplacements nécessaires puisque les pâturages sont peu fournis et qui apparaissent comme un nomadisme en raccourci.

La bergerie constitue l'un des éléments essentiels de la ferme beauceronne. Ce sont de longs bâtiments peu élevés, où les moutons séjournent pendant la mauvaise saison. Point de ferme un peu importante qui n'ait son troupeau, sa bergerie, son berger (n° 3, *le pays* [berger avec son troupeau à la pâture).

N° 8 — **Les animaux. — Le cheval.**

La Beauce est trop sèche pour qu'on y élève le gros bétail. Mais les terres fortes de la surface veulent, pour la mise en œuvre, des animaux vigoureux et la rentrée des opulentes moissons les réclame aussi.

Or, tout auprès de la Beauce, il est un pays herbu, arrosé, où l'on élève d'excellents chevaux de trait, c'est le Perche. Gris-pommelé ou bai-brun, le percheron, fort et docile, quitte jeune les bocages percherons. Il est vendu aux cultivateurs beaucerons. Après avoir servi aux durs travaux de la terre, il sera souvent revendu pour le trait lourd (omnibus, voitures de charge).

Ainsi, dans un pays aussi peu favorable que possible, semble-t-il, à l'élevage du gros bétail (1), les chevaux sont nombreux et les foires aux chevaux très bien achalandées. A Chartres une place spéciale, près du boulevard Sainte-Foy, est réservée au marché aux chevaux. Au début de mai et à la fin de novembre, la foire, l'une des plus importantes de France, dure trois jours et il s'y traite des affaires d'un grand prix. — Autres marchés (Brou) sur les confins de la Beauce et du Perche.

N. B. — Place dominée par les clochers de la célèbre cathédrale. On peut circuler en Beauce, dans un rayon de 30 kilomètres, sans les perdre de vue.

N° 9. — Les animaux. — Les bovidés (rentrée à la ferme).

Les soins de la culture, dans les terres fortes de Beauce, exigent la présence d'animaux vigoureux. Des bovidés puissants et dociles peuvent y rendre les plus grands services. Le pays même n'en produit pas, faute

---

(1) Remarquer, cependant, que la Beauce cultive beaucoup l'avoine : l'Eure-et-Loir occupe le premier rang des départements pour la production de cette céréale : 5.831.000 hectolitres (43 à l'hectare).

d'eau, de prairies riches. Pourtant voici, dans une cour de ferme, trois paires de bœufs blancs qui portent encore le joug. C'est une ferme importante, qui a son puits. Grâce au puits, on peut abreuver ces animaux. Ce sont des charolais-nivernais durs à l'ouvrage. Nés sur les terres fortes du Nivernais ou du Charolais, ils ne sont pas dépaysés en Beauce. Et, parfois, en Beauce même, on se surprend à rencontrer une réplique du célèbre tableau de Rosa Bonheur (labourage nivernais).

Ici les bœufs servent surtout au labour, aux charrois. Le Beauceron emploie aussi des animaux venus de Normandie ou du Perche. Mais, fréquemment, quelques vaches bretonnes s'adjoignent au troupeau, pour fournir le lait. En Beauce, si le bétail ne travaille point aux champs, il ne sort guère. La stabulation est la règle générale. Grandes étables caractéristiques, avec leur double porte à volet.

Depuis que la culture de la betterave s'est répandue et que des usines se sont élevées (Toury), l'engraissement des bœufs (résidus d'usines, pail-mel) s'est amélioré et répandu.

Toutefois la région beauceronne est une de celles où l'on compte le moins de bovidés.

N° 10. — **Le blé.** — **Labourage.**

La Beauce apparaît surtout comme une terre à blé. Le limon superficiel donne une terre franche, fertile, facile à amender quand elle s'appauvrit. Le climat, de nuance nettement continentale, avec ses hivers neigeux, ses étés brûlants, ses printemps humides, convient bien au froment. L'avoine même trouve dans la fraîcheur relative du sol superficiel, des conditions de développement plus que suffisantes. La terre tient, occupe le Beauceron avant tout.

A l'automne, il faut préparer les champs pour les prochaines semailles. Ici les champs sont d'ordinaire fort étendus, la moyenne et la grande propriété ne sont pas rares. Le travail est long et la terre, aux premières pluies, devient difficile à remuer. On emploie les charrues les plus perfectionnées (socs multiples, soc reversible, etc...) attelées de trois ou quatre vigoureux percherons. Labour profond qui aère bien la terre et divise les mottes limoneuses. Les fins laboureurs sont nombreux en Beauce. Vers novembre on ne voit partout que guérets bruns rayés par les sillons parallèles et bien droits. La charrue a mêlé au limon les engrais déjà répandus (fumier de ferme, phosphates). On emporte l'impression d'un pays où la terre est soignée avec ferveur, sans qu'aucun coin soit laissé en jachère.

Tout le jour ainsi, à travers la plaine vont et viennent les laboureurs, muets, les yeux rivés au sol riche.

N° 11. — **La culture. — Le hersage.**

Après un premier labour, on étale l'engrais et l'on brise les mottes du limon à l'aide de la herse. Ici encore il faut de forts chevaux, car la terre limoneuse est dure. Le plus souvent on conduit deux herses à la fois, l'une suivant l'autre, les deux chevaux en file. Tirés par les percherons les crocs de fer de la herse finissent par avoir raison des mottes les plus dures et le sol retourné, divisé, aéré, fumé, va se trouver prêt à recevoir les semailles, après les derniers labours.

On sème le plus souvent en octobre-novembre. Alors,
dans la plaine, sur différents plans les cultivateurs, d'un
pas régulier vont et viennent le long des sillons, jetant
à la volée méthodiquement, la semence. Sur les grands
domaines on se sert de semoirs mécaniques, tirés par
des chevaux.

Pour que le blé soit beau, il est bon que la neige
ait recouvert le grain, le protégeant ainsi. Les hivers
doux et humides lui sont nuisibles.

Lorsqu'au printemps les pointes vertes de l'herbe-blé
sont sorties de terre, le paysan attelle ses chevaux à un
fort cylindre de pierre qu'il fait passer sur le champ. Le
roulage doit donner plus de vigueur à la plante.

Viennent les pluies de printemps, un peu aussi les
pluies d'été, l'épi se forme, la tige grandit et le soleil
bientôt fait mûrir les grains. Pas trop de pluies alors,
car le blé « verserait » ou serait attaqué par la « rouille ».

Si les soins furent bien donnés, si la nature fut favorable, les épis lourds font pencher le chaume élevé, la
récolte est prête.

N° 12. — **Le blé.** — **La moisson.**

La plaine s'étend large, sans bornes. Les chemins
disparaissent, cachés par les blés, par les avoines aux
tiges très hautes. Sous le ciel bleu de juillet, la moisson
commence. Fin juillet, début d'août, c'est le grand travail.
La chaleur est forte, on se met à l'ouvrage dès l'aube, on
ne le cesse qu'à la nuit tardive. Par bandes, les faucheurs
à coups de faucille, tondent la plaine. Ce sont, le plus
souvent, des journaliers étrangers au pays, des Belges
des Bretons. Il faut être nombreux et aller vite pour

moissonner ces vastes étendues et garer la récolte. A ce moment la Beauce devient le lieu d'une immigration considérable. Ici ce sont des gens du pays. La faucille a abattu la récolte. A l'aide d'un rateau on forme la gerbe qui sera liée par des liens de paille.

Le blé, l'avoine sont coupés court, à ras de terre, la longueur des tiges permettra d'avoir un long chaume de belle paille.

Remarquer l'étendue de la plaine, avec un boqueteau à l'arrière-plan. Point de limite au champ. Un sillon, un chemin y pourvoient. Chaque champ couvre une superficie relativement grande.

Nº 13. — **Le blé.** — **Une botteleuse.**

Les moissonneurs, armés de leurs faucilles, ont passé. Bien souvent, alors, ce sont les femmes qui suivent. Les unes préparent les liens pour nouer les gerbes. Les autres à l'aide d'un rateau de bois, ramassent les tiges coupées, forment la gerbe. Les gerbes doivent être sensiblement égales. Puis la botteleuse, une fois la gerbe liée, l'abandonne à d'autres qui rassemblent les bottes et les mettent en tas, l'épi bas (1). On voit, sur cette photographie, les gerbes ainsi mises en javelles, jusqu'à l'horizon lointain. On peut remarquer aussi la longueur du chaume (1 m. 30, 1 m. 50 et plus). — La botteleuse est une vieille femme du pays. Point de costume spécial, sauf le bonnet de lingerie, qui d'ailleurs disparaît.

---

(1) Pour le blé, les gerbes sont inclinées en angle aigu sur le sol. Pour l'avoine, on forme plutôt une sorte de pyramide, l'épi haut, avec parfois, une gerbe protectrice au sommet.

N⁰ 14. — **Le blé.** — **La moisson.** Moissonneuse-lieuse.

En Beauce les domaines sont souvent fort étendus. A l'époque des récoltes, il faut profiter de quelques beaux jours secs pour couper le blé, l'avoine, et les rentrer. La famille, d'ordinaire, ne suffirait pas à ce rude travail. La main-d'œuvre de plus en plus, fait défaut. Le cultivateur a recours à la main-d'œuvre étrangère, aux Belges, aux Bretons. Mais, pour les propriétés étendues et riches, mieux vaut encore l'emploi des machines, si perfection- nées à notre époque. Dans ces plaines vastes, elles sont bien à leur place. Telle la moissonneuse-lieuse, attelée de deux forts percherons. Le moissonneur n'a qu'à mener droit son attelage. Régulièrement avoine ou blé (ici de l'avoine) se trouve coupé, lié, mis en gerbes. A chaque tour de champ la mer dorée des épis diminue d'une large bande. Pas besoin de botteleuses. Il suffira de mettre en javelles puis de rentrer la récolte. Le travail se fait plus vite, à moindre fatigue et, tout compte fait, à moindres frais. Une fois la récolte enlevée, il restera encore sur le champ des épis oubliés, alors les gla- neuses viendront selon les usages anciens et relèveront tous ces épis. D'énormes chars, cependant, auront trans- porté les gerbes jusqu'à la ferme parfois lointaine. C'est le soir venu, le moment des réjouissances.

N⁰ 15. — **Le blé.** — **La mise en meule.**

En Beauce, la coutume de mettre les céréales en grange se fait plus rare chaque jour. Car on peut battre tout

de suite, grâce aux machines (n° 16) et il faudrait, parfois des granges énormes. Même si l'on ne bat pas aus-
sitôt, les gerbes, amenées du champ, sont mises en
meule à quelque distance de la ferme. Les gerbes sont
placées d'abord, l'épi en dedans, de façon à former une
sorte de tour. Puis on surmonte cet édifice d'un cône
constitué par les gerbes l'épi bas et couvert. Des liens
de paille assurent la solidité du tout par le toit.

Mais on met en meule aussi la paille et de même
façon, après le battage. Toujours, près des fermes de
Beauce, apparaissent ces meules énormes, pointues en
haut, tronconiques par le bas, riches réserves d'une
paille longue et riche. L'on ne couvre plus en chaume
les maisons, mais il faut beaucoup de paille pour la litière
des animaux, pour la vente. Car on vend à l'extérieur,
on vend aussi à certaines usines qui se servent, pour
partie, de paille hachée, afin de fabriquer des tour-
teaux pour l'alimentation du bétail (usine de Toury).

On peut voir sur la photographie les divers stades de
construction de la meule, depuis la javelle encore sur
champ jusqu'à la meule définitivement édifiée.

N° 16. — **Le blé.** — **Le battage du grain.**

Le battage du grain au fléau ne se fait plus guère
que dans les pays pauvres. En Beauce il est plus aisé
et plus nécessaire d'avoir recours aux machines à va-
peur. D'ordinaire, plusieurs groupements, plusieurs villages s'associent pour avoir à tour de rôle, la batteuse
mécanique. Le jour du battage est toujours considéré
comme jour de fête. Travail pénible encore, car il faut
incessamment fournir les gerbes à la machine, enlever

les sacs de grain, botteler la paille. La machine fonctionne en plein champ, accompagnée d'un tonnelet d'eau car l'eau est rare et les puits n'ont pas un fort débit. Au ronflement continu de la machine, dans la poussière dorée de la paille et de la « balle » qui volent, les gerbes perdent leurs épis. La récolte est bientôt battue. Puis, à loisir, on vannera le grain au van mécanique et le grain purifié, trié soigneusement, sera porté au marché. Marché curieux, comme à Chartres, où ce sont les femmes surtout qui assurent la vente. Chacune porte un petit sac d'échantillons; on y joint parfois un paquet de chaumes si l'on vend la paille; et ainsi se décident achats et ventes.

La Beauce est une des grandes pourvoyeuses de blé. En bien d'autres pays, grâce aux amendements, aux progrès de la science, on a pu améliorer le rendement, mais peu de pays produisent autant et de si beau blé, autant et de si belle avoine.

On a déjà vu que l'Eure-et-Loir tenait la tête des départements pour la production de l'avoine (5.831.000 hl. et 43 à l'hectare). Pour le blé, bien que vivement concurrencée par la région flamande, la région beauceronne occupe un des tout premiers rangs (Nord : 3.600.000 hl. et 29 à l'hectare ; Eure-et-Loir : 3.100.000 hl. et 26 à l'hectare).

Jadis cette grosse production de céréales avait déterminé l'apparition de nombreux moulins à vent. Ils disparaissent de plus en plus. D'une part les minoteries de Corbeil, d'autre part celles d'Orléans (Olivet) attirent les grains de la région.

De nos jours encore, la principale richesse de la Beauce, c'est la culture des céréales riches, du froment.

N° 17. — **L'homme.** — **La ferme beauceronne.**

En Beauce, vu la sécheresse du sol, les habitants se rassemblent autour du puits commun. Les fermes isolées sont plutôt rares. Dans la plaine, de gros villages compacts forment comme des îlots nettement délimités.

La maison, c'est essentiellement la ferme. Isolée ou rassemblée, elle présente des caractères très distinctifs. Vue du dehors, elle ressemble souvent à une sorte de citadelle. Bâtie en meulières solides, elle forme un carré plus ou moins allongé dont les hauts murs s'élèvent de toutes parts, percés seulement de quelques étroites ouvertures. Impossible de voir l'intérieur sauf par la grande porte cochère. Il semble qu'il y ait là comme un appareil défensif. Il fallait bien, jadis, que la ferme se défendît par elle-même en un pays qui n'offre guère d'obstacles naturels. Bien des châteaux, sont englobés ainsi dans les bâtiments d'exploitation. Du coté du nord, surtout, les ouvertures sont rares, par crainte du vent froid et aigre. Les toits à double pente sont en tuiles ou en ardoises, plus rarement. Parfois un petit verger attenant à l'habitation. Pour les fermes isolées, parfois, rien que les murs revêches qui surgissent brusquement.

C'est ce qui apparaît ici. C'est une grosse ferme. Haute grange pour les sacs de blé. Grande charrette attelée de percherons transportant de lourdes gerbes de blé.

Nᵒ 18. — L'homme. — La ferme beauceronne, cour intérieure.

Une fois franchie la grande porte cochère, on peut voir enfin la disposition intérieure. Au centre, la cour, ordinairement occupée en grande partie par le fumier sur lequel picorent les poules. (Rares encore sont les fosses à purin). — Dans un coin, une mare bourbeuse. Sur les quatre côtés, devant les bâtiments, un passage pavé avec quelques arbres, si la ferme est d'importance. Face à l'entrée, la maison du maître, sans étage bien souvent, qui paraît encore rébarbative avec les barreaux aux fenêtres et les volets épais. Puis en angle droit de part et d'autre les étables, écuries, bergeries. Plus près de l'entrée, la grange, les hangars aux voitures. Point de séparation apparente entre la maison du maître et les bâtiments d'exploitation. Du côté de la cour seulement les ouvertures se multiplient. Toute l'attention est comme concentrée sur le domaine, avec une échappée sur les champs voisins. Bâtisse toujours en moellons, en meulières du pays, toits de tuiles ou d'ardoises. Aspect général peu gai, mais bien souvent sentiment d'une richesse foncière bien assurée. Sentiment aussi qu'on vit peu au dehors et que la propriété, la terre, absorbe tout.

Nᵒ 19. — L'homme. — Rue à Thivars. Tramway sur route.

La maison du village (petits rentiers, artisans) est petite, sans étage, surmontée d'un grenier. Les meulières sont recouvertes d'un badigeon de chaux, encastrées dans des lignes de briques. Un pied de vigne, dont le raisin ne mûrit guère, orne la façade. Par derrière le jardin, le verger. Peu de pays où les anciennes églises soient plus pauvres, plus dépourvues d'art.

La rue, c'est souvent la route qui a donné naissance au village. Le village alors s'allonge au lieu de former un îlot comme en pleine campagne.

Ces villages, ces campagnes se transforment peu à peu. L'un des plus actifs agents de cette transformation, c'est le chemin de fer sur route. Grâce à lui, on peut aller plus vite et plus loin, on reçoit mieux et à moindres frais, nouvelles et approvisionnements de la ville la moins éloignée. Pénétrent à la fois les machines, les engrais chimiques et les idées, les méthodes nouvelles. Si la Beauce est bien une région traversée par de grandes voies de communication, celles-ci n'y forment pas un réseau de mailles serrées. Les chemins de fer sur route ont donc rendu les plus grands services. Ils ont permis aussi au cultivateur d'exporter plus facilement ses produits et ont stimulé ainsi la production.

N° 20. — **L'homme. — Les Beaucerons.**

La population de la Beauce est assez dense, surtout si l'on tient compte de ce fait que le pays ne comprend point de ces centres industriels qui causent les grosses agglomérations dans l'Europe nord-occidentale. La densité kilométrique varie en effet de 50 à 70 (moyenne de la France : 74). Très anciennemment habitée, à cause de son limon fertile (Carnutes au temps des Gaulois), la Beauce a subi bien des invasions. Toutefois on peut

démêler un type qui se rapproche de la « race adria-
tique » des anthropologistes : Taille assez grande, face
allongée au nez franchement dessiné, cheveux et yeux
foncés, brachycéphalie (crâne arrondi). Le paysan, aux
traits accusés, hâlé par le grand air, a l'apparence
robuste. Il n'y a plus de costume local ; la blouse bleue, le
chapeau ou la casquette, comme en tant de pays français.

Il est d'ordinaire, assez renfermé, peu accueillant de
prime abord. Rude au travail, âpre au gain, il ne se
perd point en vaines paroles ; il ne rêve guère. Froid
et réfléchi, il a la passion de la terre qui le tient
jusqu'aux moelles. Peu porté aux conceptions idéalistes,
il demeure plus près de terre.

La Beauce, c'est encore le pays du laboureur attaché
à la glèbe, solide, tenace, intéressé.

Nº 21. — L'homme. — Paysanne beauceronne.

La paysanne beauceronne prend une large part aux
rudes travaux des champs. De bonne heure elle se fane,
mais elle demeure solide, active. Rude et renfermée, elle
aussi, elle surveille jalousement la propriété, la terre.
C'est elle qui vient au marché, même pour le blé. Seules
les vieilles femmes portent encore le bonnet de lingerie,
bonnet d'ailleurs dépourvu de pittoresque ou d'élégance.
Partout désormais on s'habille, on se coiffe « comme
à la ville ».

Cette vieille paysanne, au regard malin, à la face
ridée, à la tête penchée comme par habitude d'obser-
ver la terre, source de vie et de richesse. Elle compte
une longue vie de labeur continu ; elle n'a pas encore
renoncé au travail.

C'est la place des Épars, à Chartres, avec la statue
Marceau. La Beauce n'a guère produit d'hommes célè-
bres, mises à part les villes de la périphérie.

Villes petites d'ordinaire. Chartres, la capitale, la plu-
riche, la plus grande, ne compte que 25.000 habitant-
Pithiviers 5.000 (1).

Pays agricole avant tout, tout consacré à la terre.

N° 22. — **L'homme.** — **Le château de Maintenon**

En Beauce, rares sont les endroits où l'on peut adm-
rer quelque ancien monument, quelque ruine artistiqu-
Il faut, pour cela, atteindre la périphérie, la région-
le pays commence à se transformer, où le sol chang-
(Chartres et sa cathédrale).

C'est ainsi que le château de Maintenon s'élève s-
les bords de l'Eure, au milieu des prairies, entouré-
beaux arbres. Construit au début du XVIe siècle, ce ch-
teau Renaissance fut acheté par Louis XIV pour Mada-
de Maintenon. Malgré des restaurations, il a bien co-
servé les caractères de la Renaissance française. Da-
le parc on peut voir encore, ruinées, les arches de l-
queduc par lequel Louis XIV prétendait amener les ea-
de l'Eure à Versailles. C'est une surprise agréable q-
de rencontrer, à la limite de la Beauce, ce château qui é-
que le souvenir des châteaux de Touraine.

C'est plutôt en Touraine ou du moins aux confins-
la Beauce que les possesseurs des terres fertiles de-
Beauce préférèrent construire leurs châteaux.

(1) Recensement 1906.

MELUN. IMPRIMERIE ADMINISTRATIVE. — M. P. 230 *D*